AF602819

COURS

DE

GÉOMÉTRIE DESCRIPTIVE

1985. — Abbeville. — Typ. et stér. Gustave Retaux.

COURS

DE

GÉOMÉTRIE DESCRIPTIVE

(DROITE ET PLAN)

à l'usage des candidats

AU BACCALAURÉAT ÈS SCIENCES

ET

AUX ÉCOLES DU GOUVERNEMENT

PAR

J. CARON

Ancien élève de l'École normale supérieure,
Agrégé des sciences mathématiques,
Directeur des travaux graphiques à l'École normale supérieure,
Professeur de géométrie descriptive au lycée Saint-Louis, etc.

PLANCHES

PARIS

LIBRAIRIE GERMER BAILLIÈRE ET Cie

108, BOULEVARD SAINT-GERMAIN, 108

1882

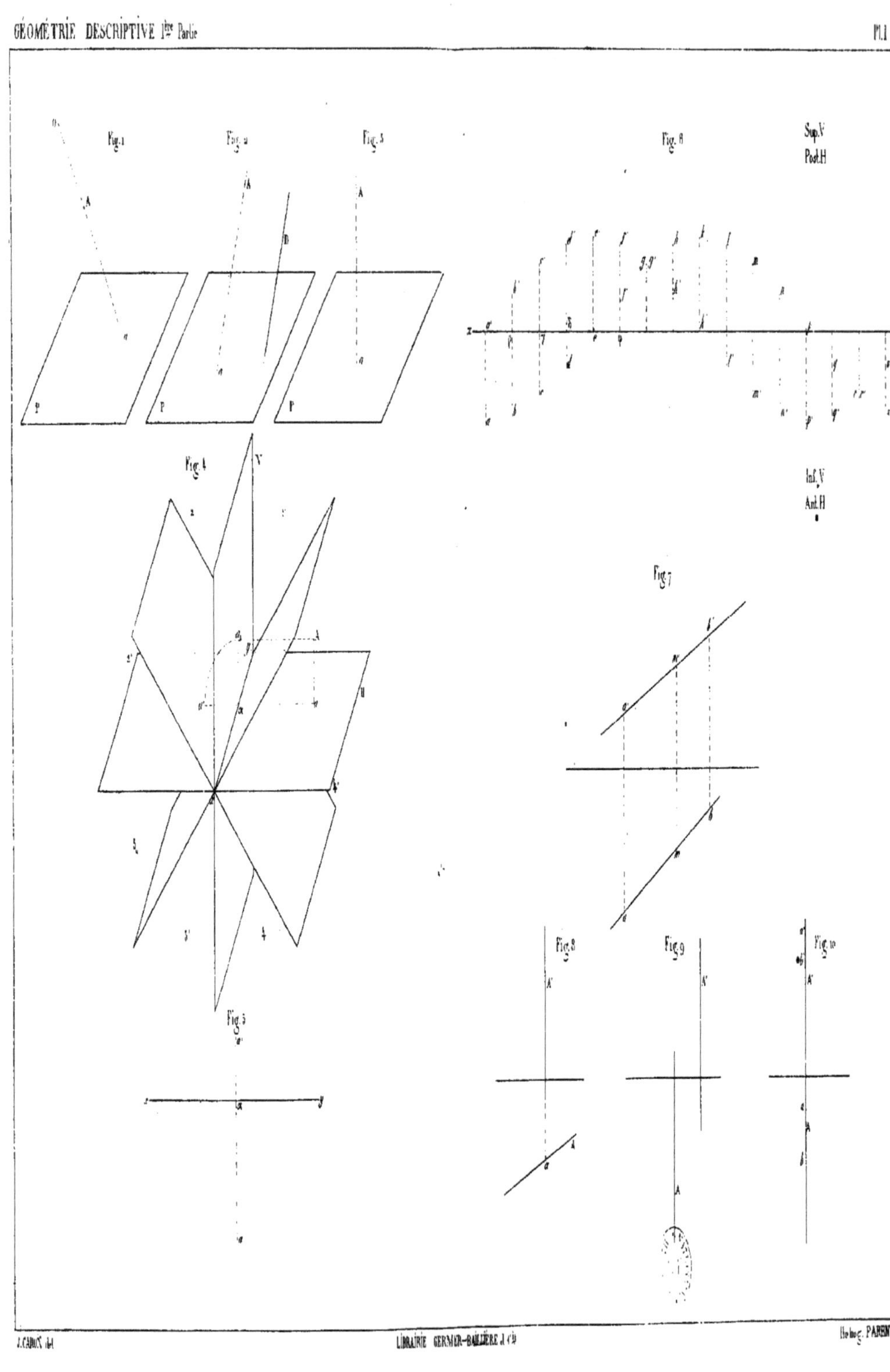
GÉOMÉTRIE DESCRIPTIVE 1ère Partie
Pl. I
Fig. 1
Fig. 2
Fig. 3
Fig. 4
Fig. 5
Fig. 6
Fig. 7
Fig. 8
Fig. 9
Fig. 10
Sup. V
Post. H
Inf. V
Ant. H
LIBRAIRIE GERMER-BAILLIÈRE

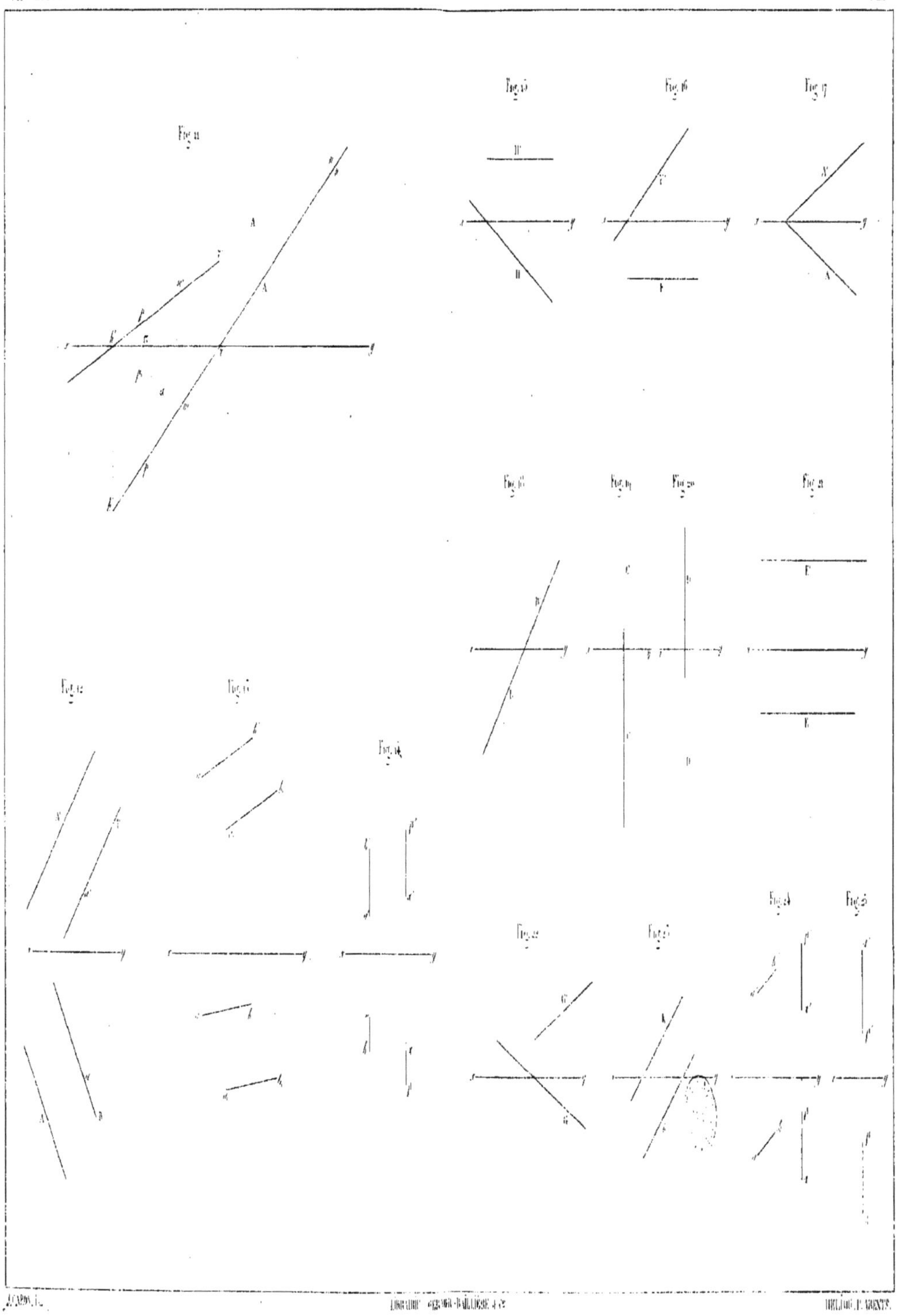
Fig. 11
Fig. 15
Fig. 16
Fig. 17
Fig. 18
Fig. 19
Fig. 20
Fig. 21
Fig. 12
Fig. 13
Fig. 14
Fig. 22
Fig. 23
Fig. 24
Fig. 25

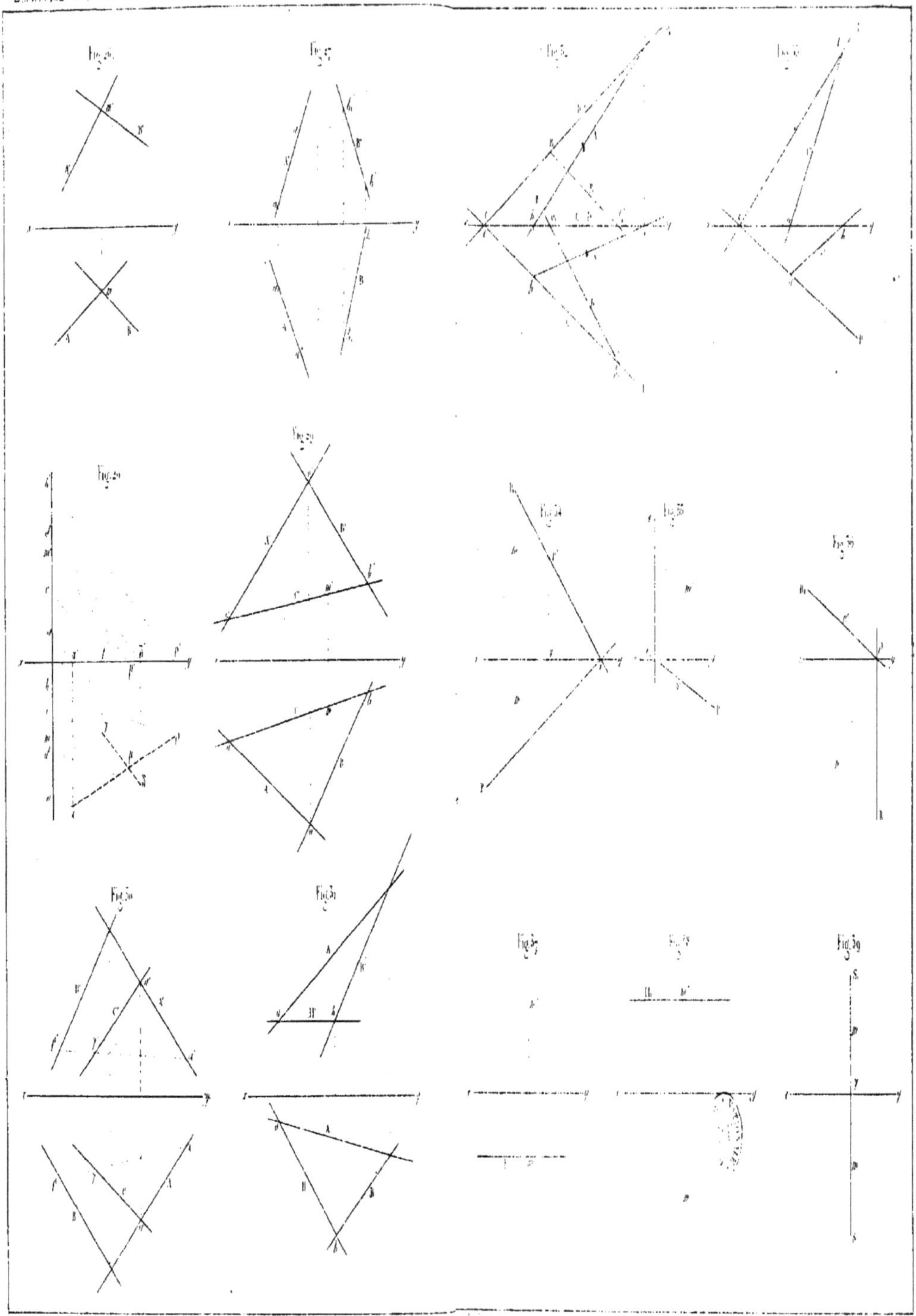

Fig. 26

Fig. 27

Fig. 32

Fig. 33

Fig. 28

Fig. 29

Fig. 34

Fig. 35

Fig. 36

Fig. 30

Fig. 31

Fig. 37

Fig. 38

Fig. 39

J. Caron, del.

Librairie Gauthier-Villars et Cie

Héliog. P. Mignot.

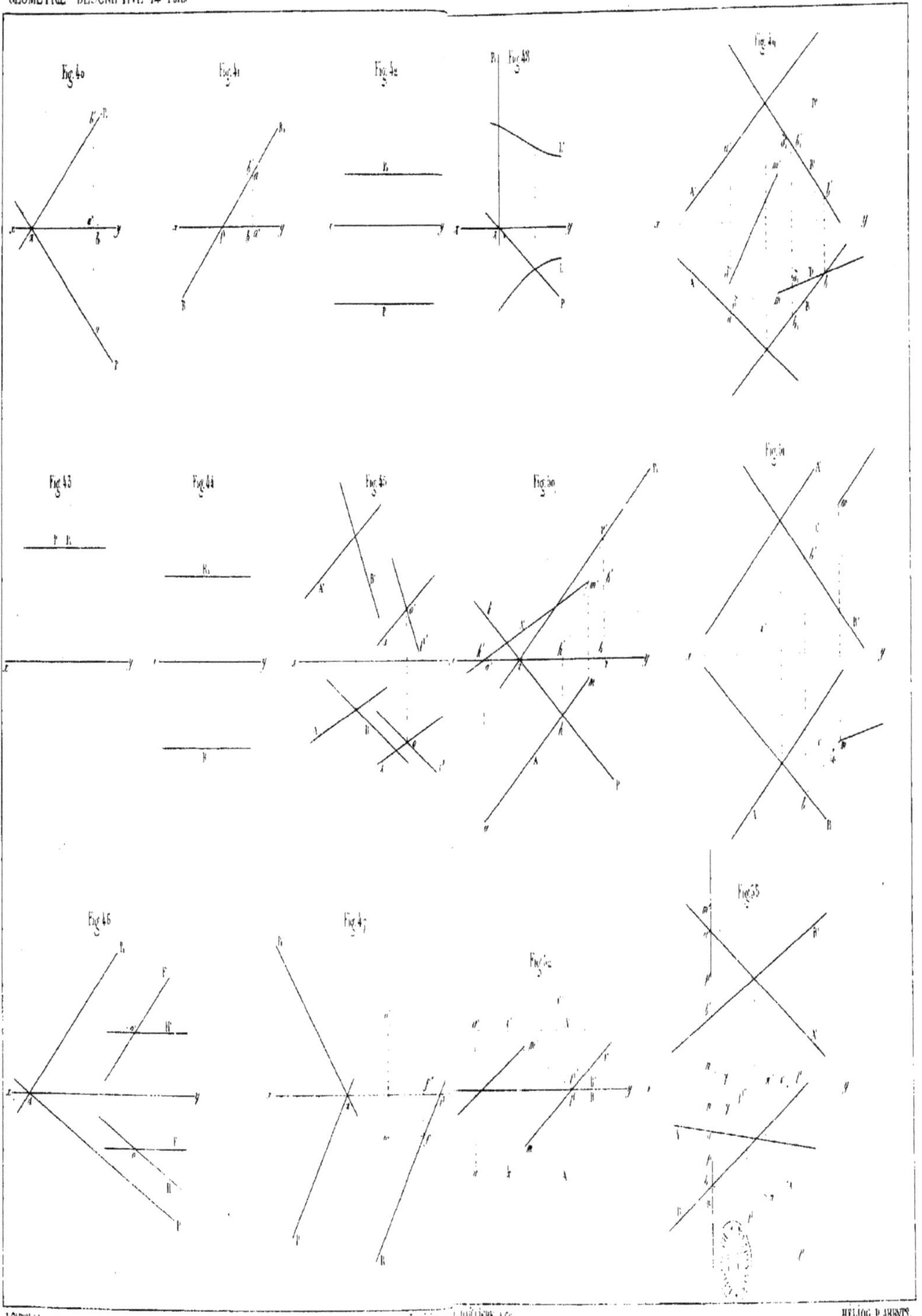

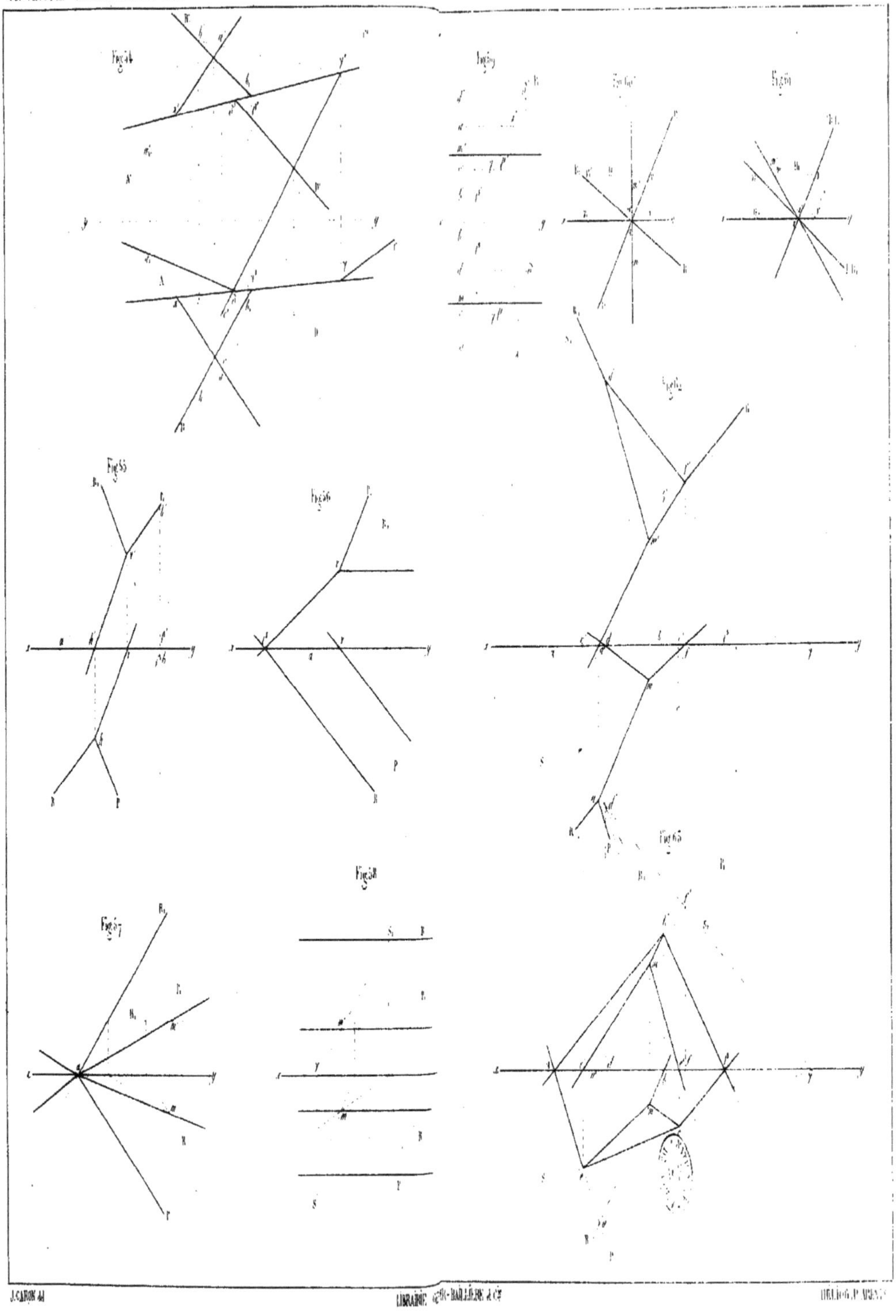

Fig. 54

Fig. 59

Fig. 60

Fig. 61

Fig. 62

Fig. 55

Fig. 56

Fig. 63

Fig. 58

Fig. 57

J. CARON del.
LIBRAIRIE J.-B. BAILLIÈRE & Cie
HÉLIOG. P. ARENTS

Fig. 64

Fig. 68

Fig. 65

Fig. 66

Fig. 67

Fig. 69

Fig. 70

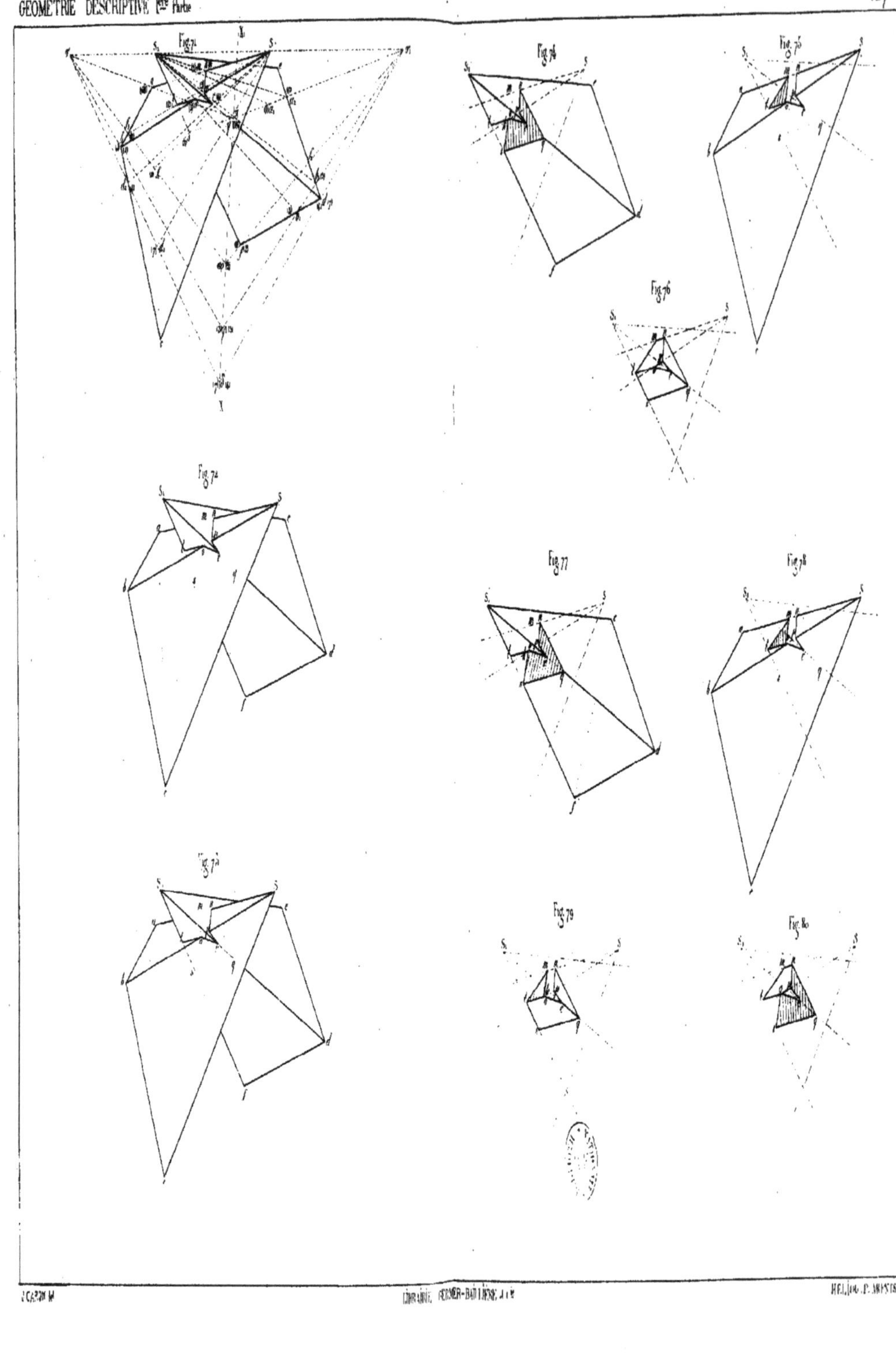
Fig. 71
Fig. 72
Fig. 73
Fig. 74
Fig. 75
Fig. 76
Fig. 77
Fig. 78
Fig. 79
Fig. 80

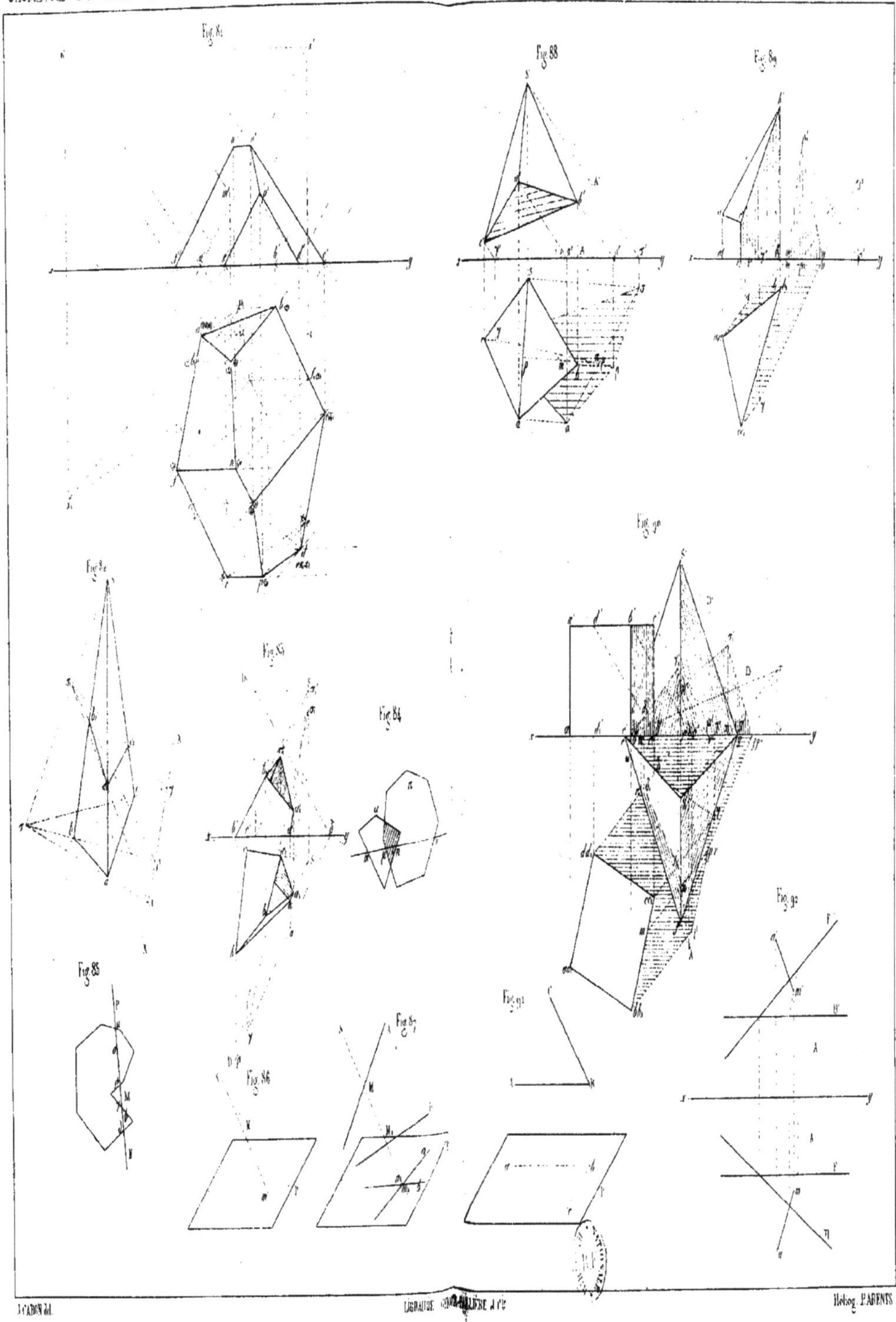

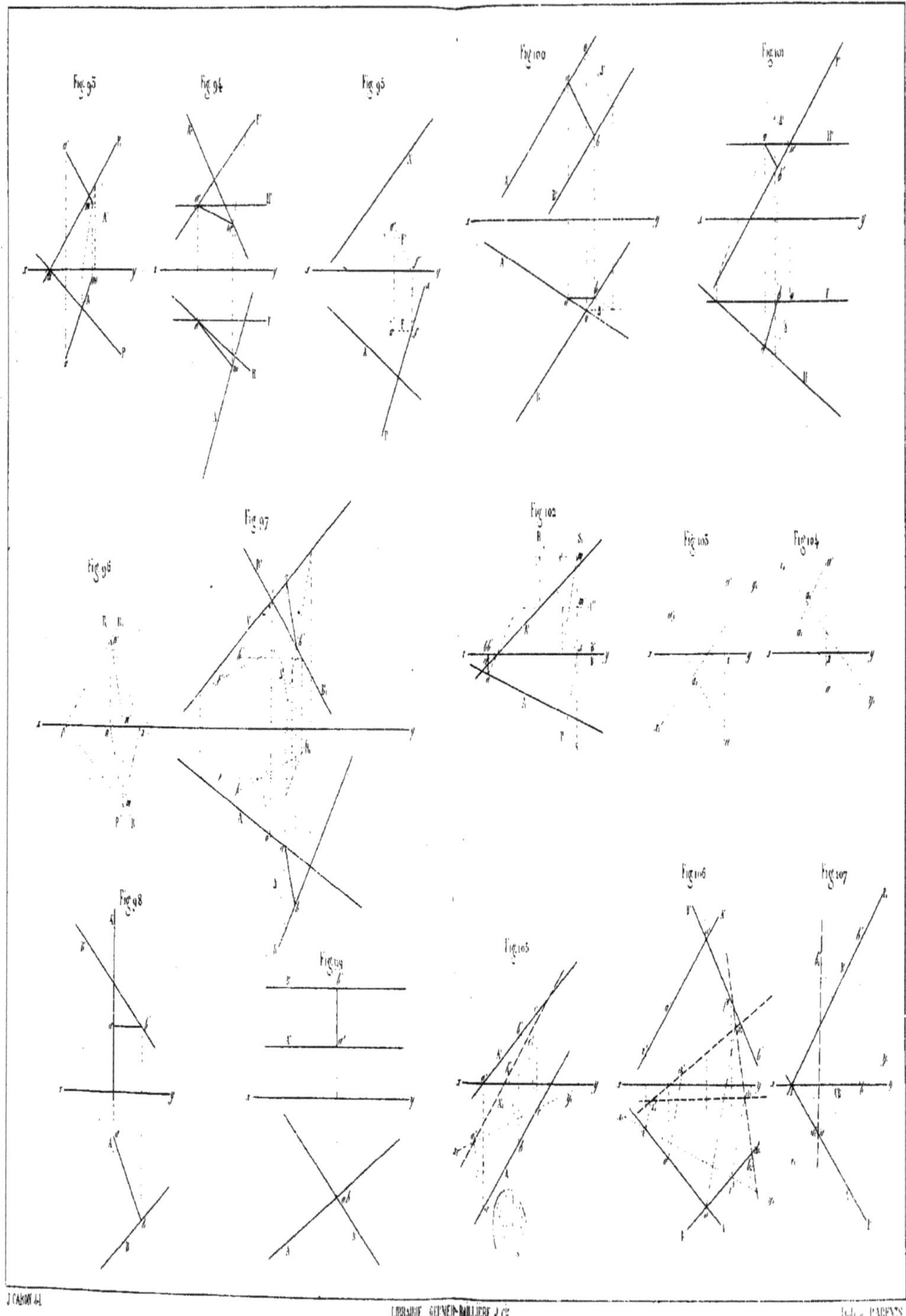

J. CARON del.

LIBRAIRIE GERMER-BAILLIÈRE & Cie

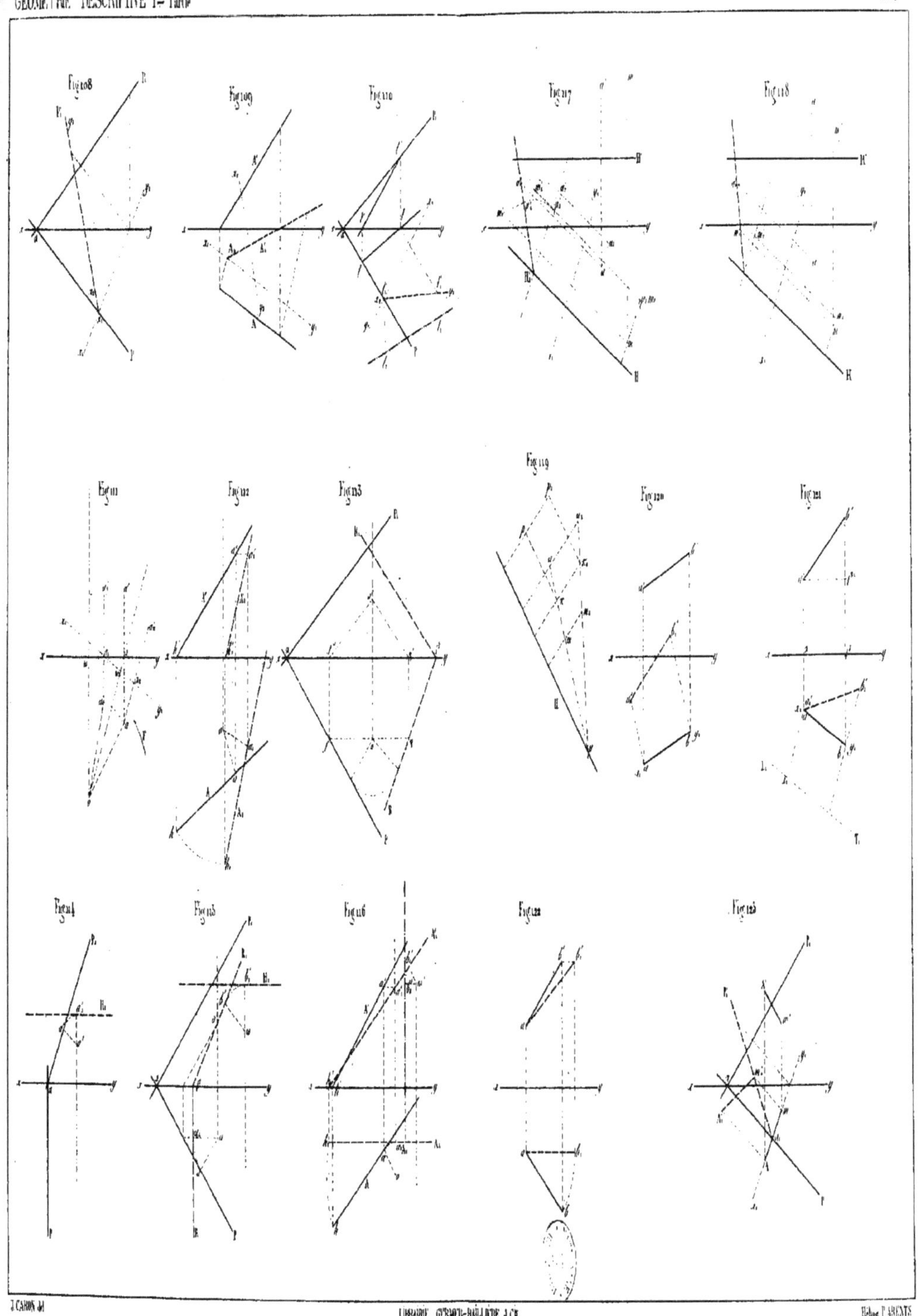
Fig.108
Fig.109
Fig.110
Fig.117
Fig.118
Fig.111
Fig.112
Fig.113
Fig.119
Fig.120
Fig.121
Fig.114
Fig.115
Fig.116
Fig.122
Fig.123

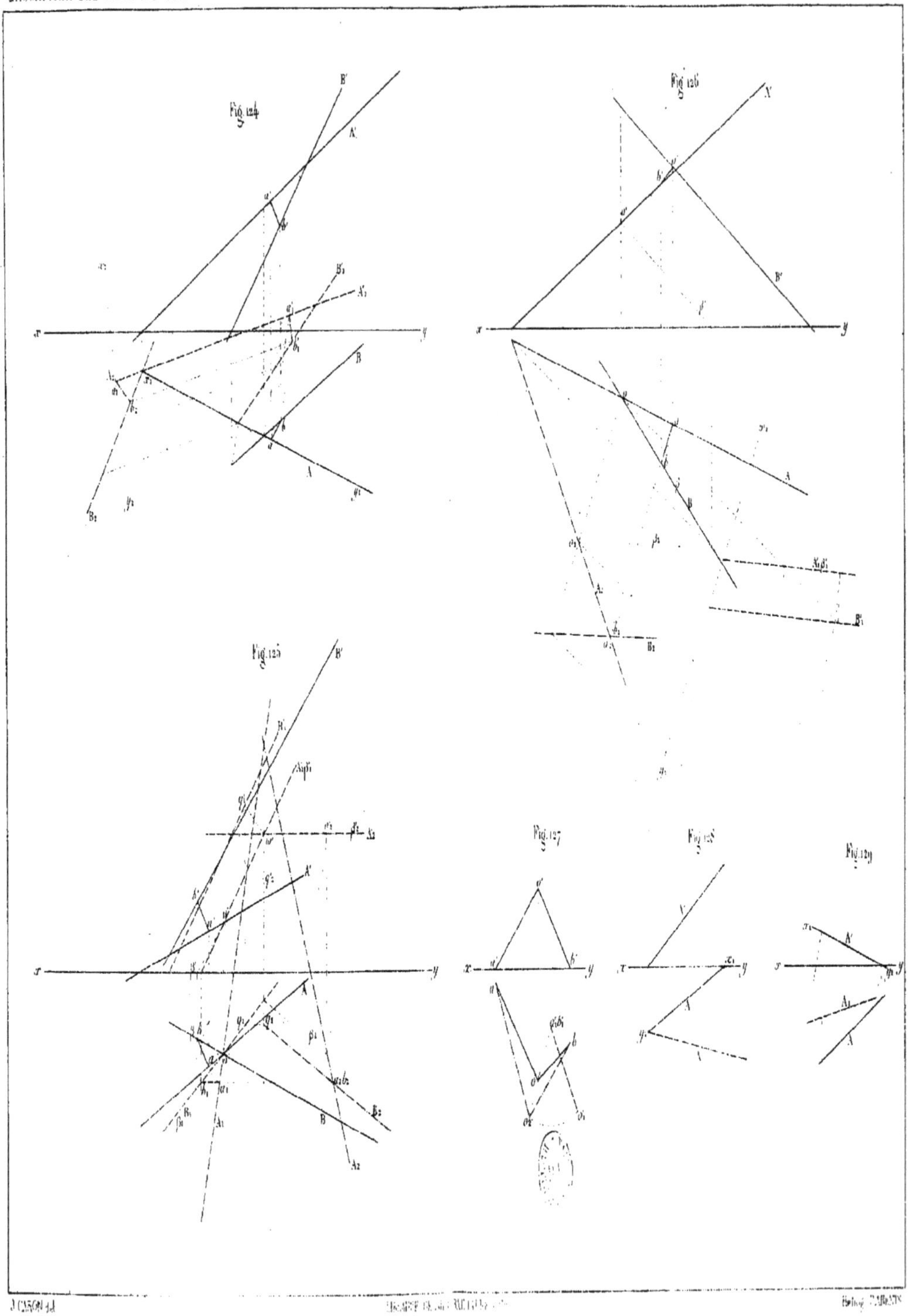

Fig. 124

Fig. 126

Fig. 125

Fig. 127

Fig. 128

Fig. 129

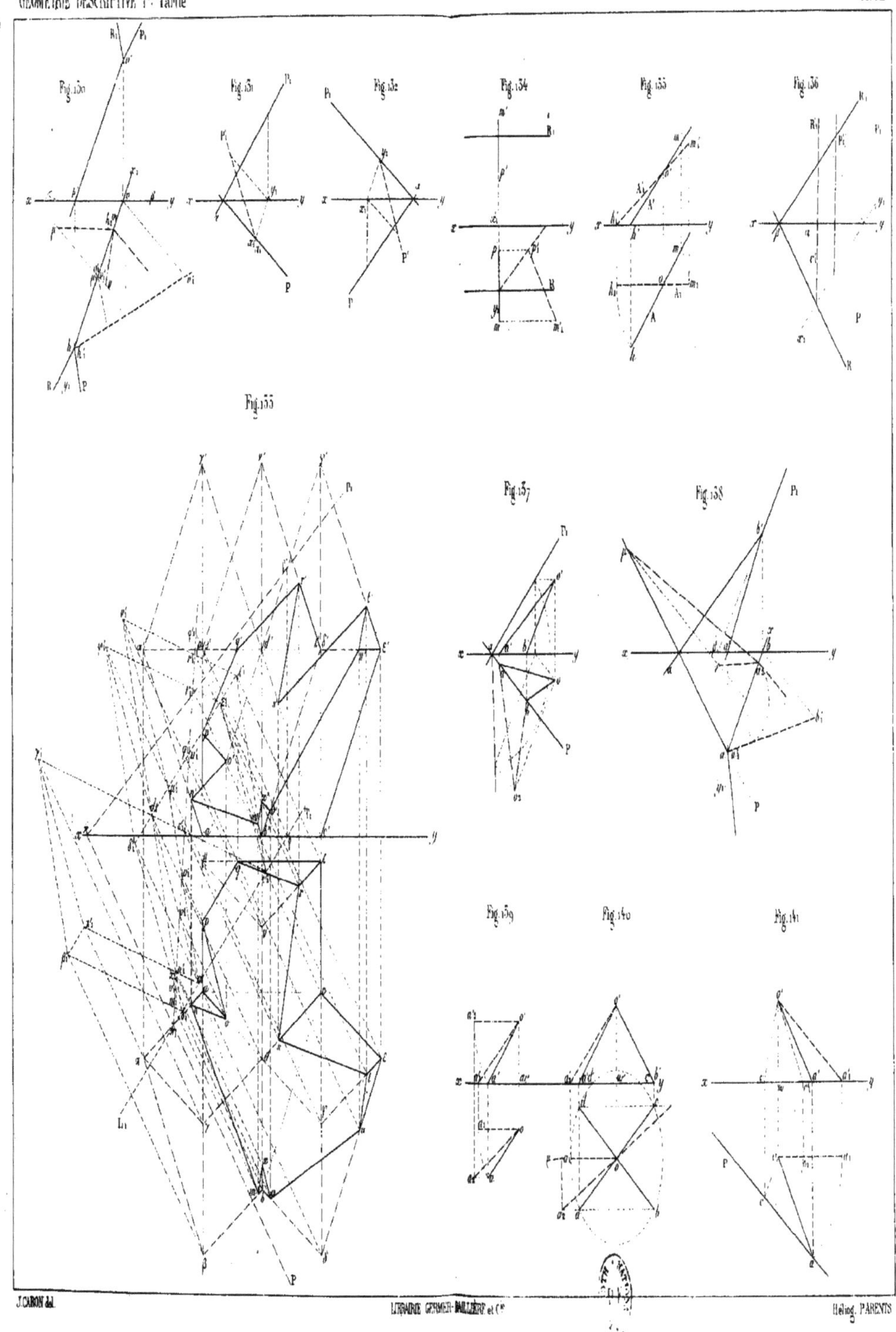

J. CARON del.

LIBRAIRIE GERMER-BAILLIÈRE et Cie

Héliog. PARENTS

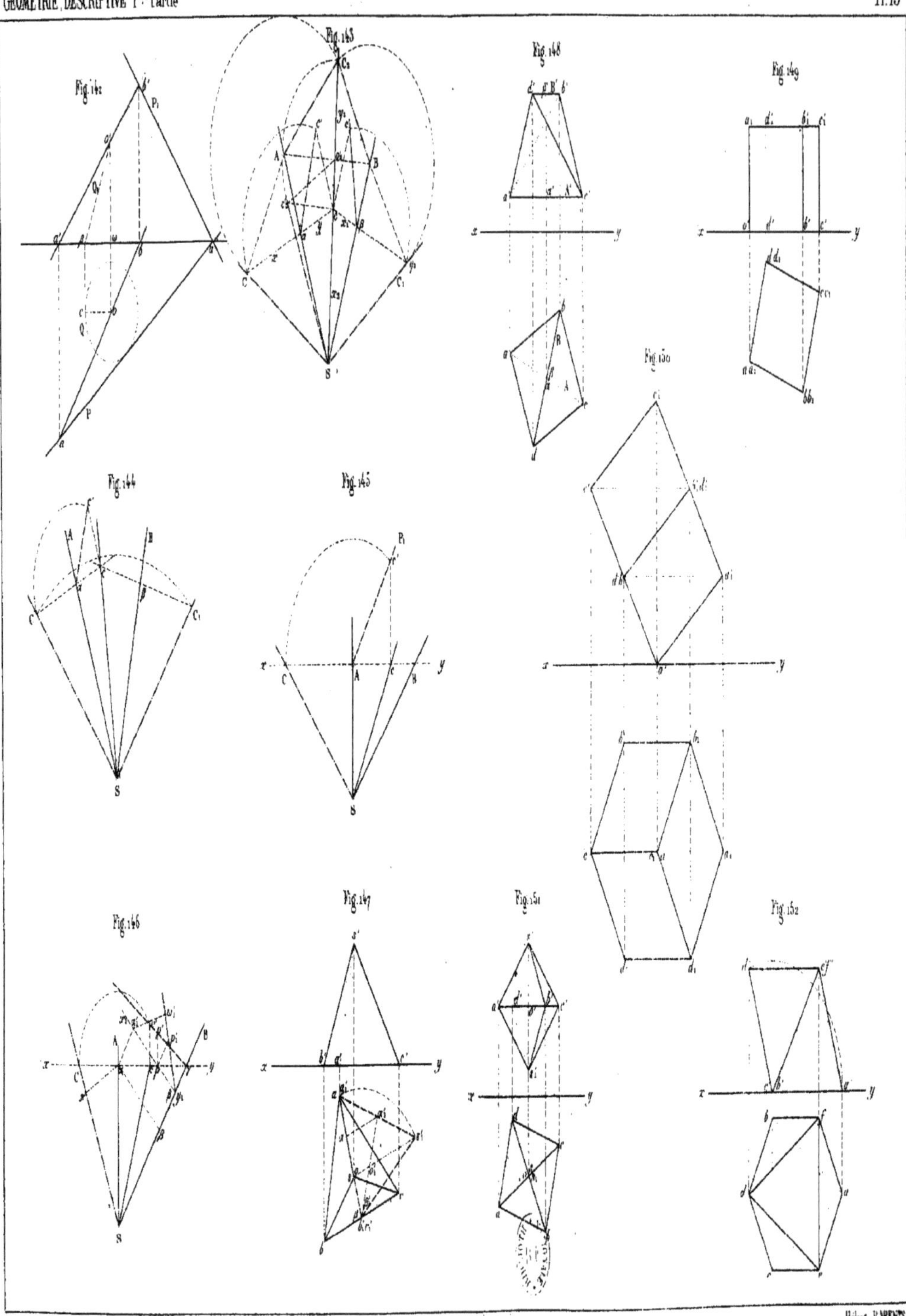
Fig. 142
Fig. 143
Fig. 148
Fig. 149
Fig. 150
Fig. 144
Fig. 145
Fig. 146
Fig. 147
Fig. 151
Fig. 152

Fig. 153

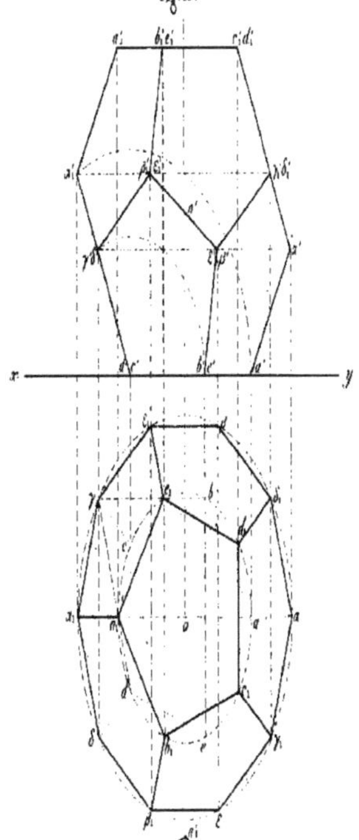

Fig. 155

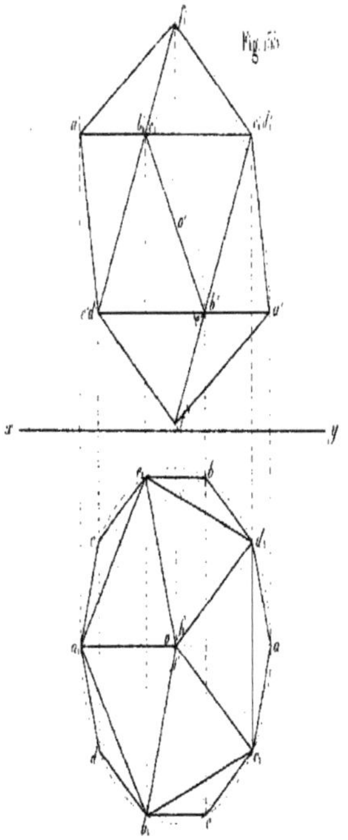

Fig. 154

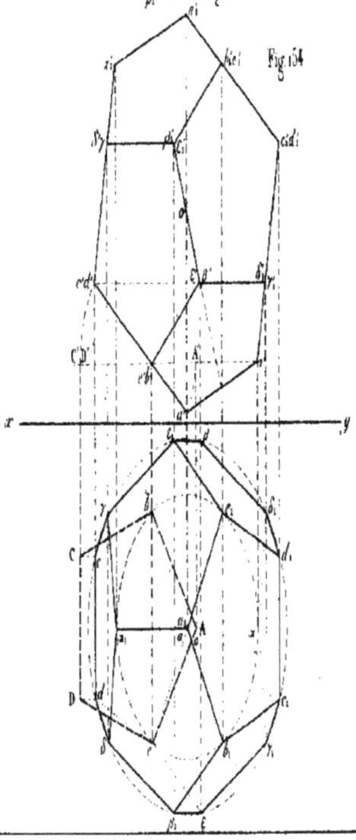

Fig. 156

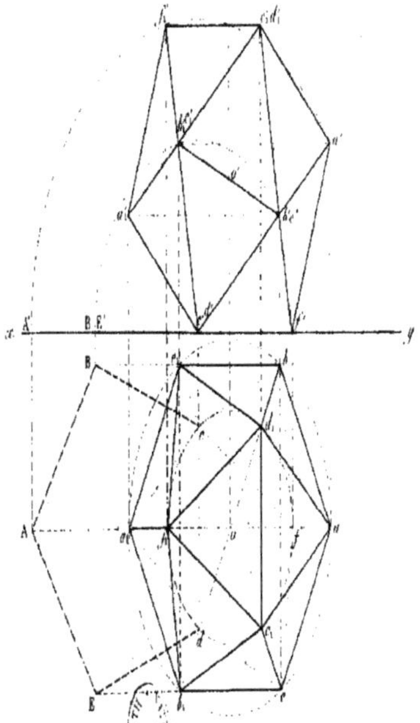

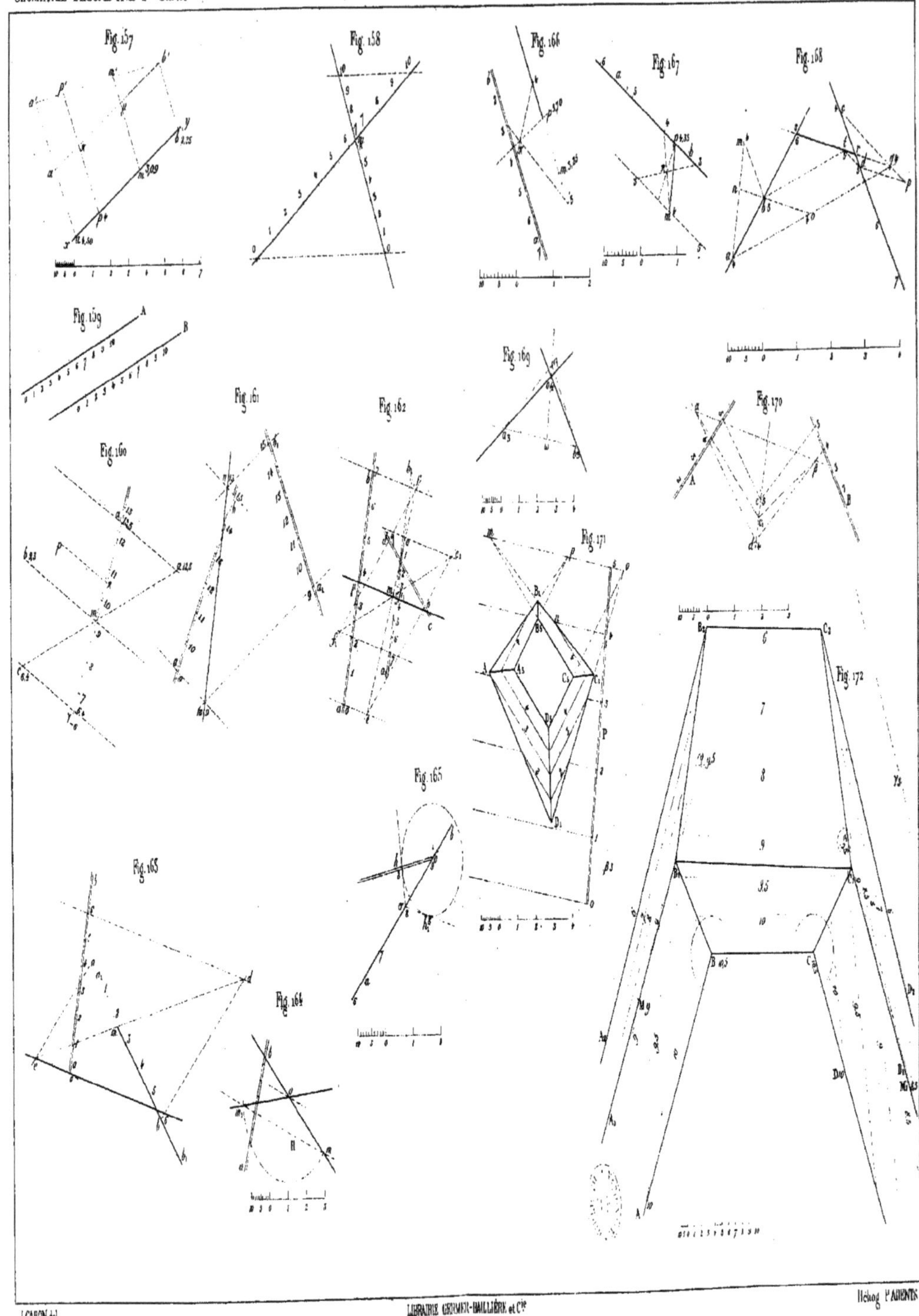
Fig. 157
Fig. 158
Fig. 166
Fig. 167
Fig. 168
Fig. 159
Fig. 169
Fig. 161
Fig. 162
Fig. 170
Fig. 160
Fig. 171
Fig. 172
Fig. 165
Fig. 163
Fig. 164

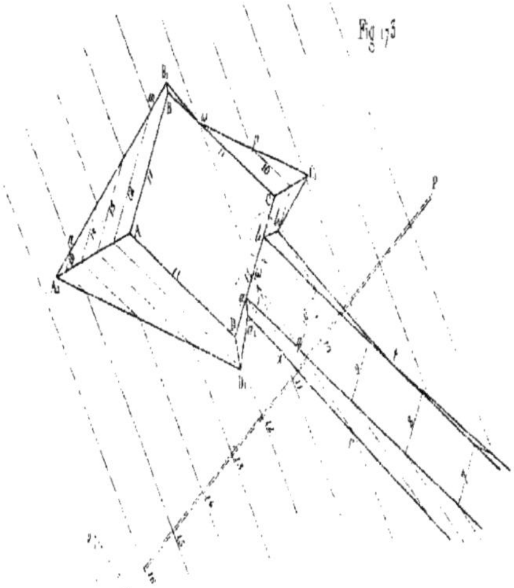

Fig. 173

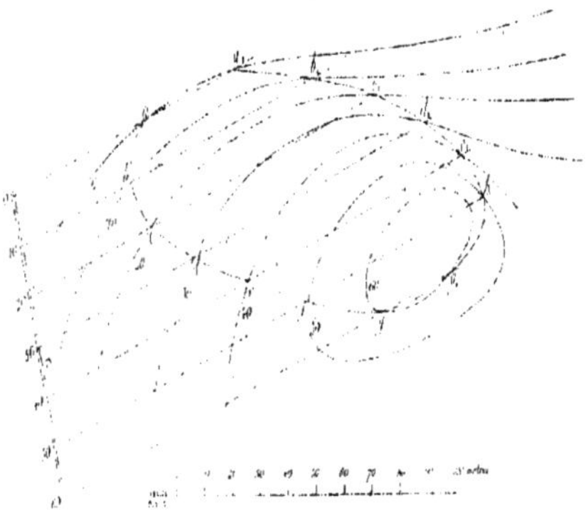

Fig. 176

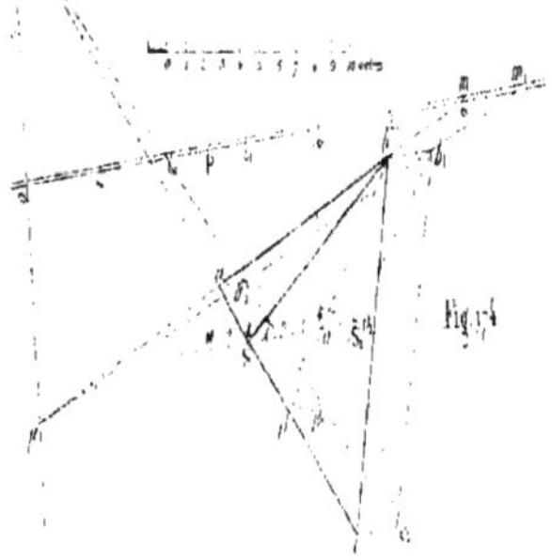

Fig. 174

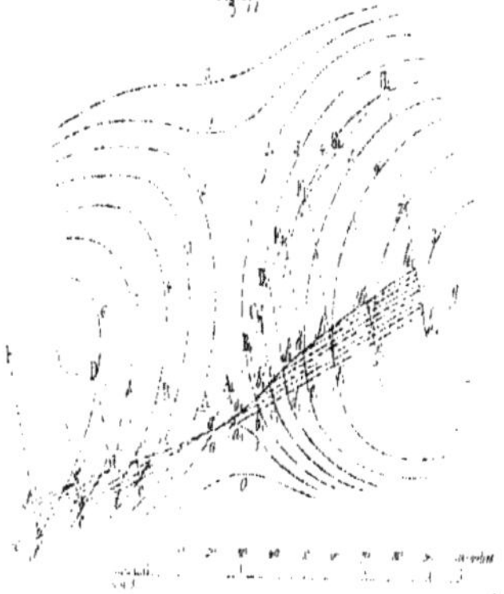

Fig. 177

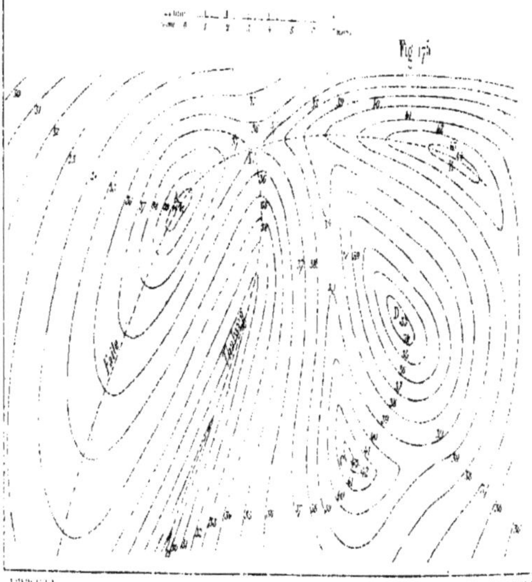

Fig. 175

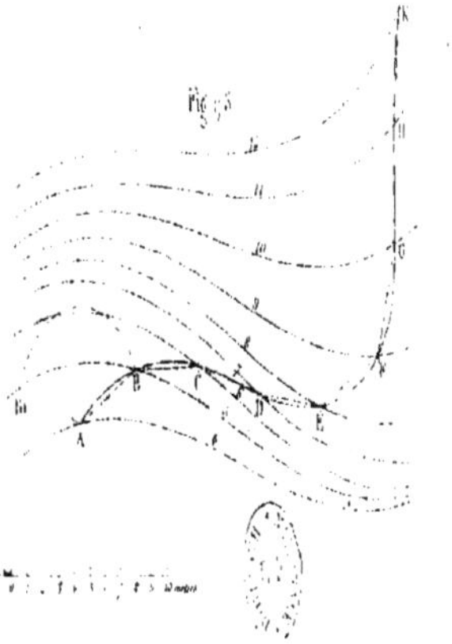

Fig. 178

J. CARON del.

LIBRAIRIE GERMER-BAILLIÈRE et Cie

Héliog. PARENTS

www.ingramcontent.com/pod-product-compliance
Ingram Content Group UK Ltd.
Pitfield, Milton Keynes, MK11 3LW, UK
UKHW021951260726
13994UKWH00004B/1673

9 782329 313610